Mohd Imran
Mohammed Abdul Qadeer

# Redes Móveis Ad Hoc

Mohd Imran
Mohammed Abdul Qadeer

# Redes Móveis Ad Hoc

## Simulação e análise de protocolos de encaminhamento

ScienciaScripts

**Imprint**

Any brand names and product names mentioned in this book are subject to trademark, brand or patent protection and are trademarks or registered trademarks of their respective holders. The use of brand names, product names, common names, trade names, product descriptions etc. even without a particular marking in this work is in no way to be construed to mean that such names may be regarded as unrestricted in respect of trademark and brand protection legislation and could thus be used by anyone.

Cover image: www.ingimage.com

This book is a translation from the original published under ISBN 978-3-330-31787-1.

Publisher:
Sciencia Scripts
is a trademark of
Dodo Books Indian Ocean Ltd. and OmniScriptum S.R.L publishing group

120 High Road, East Finchley, London, N2 9ED, United Kingdom
Str. Armeneasca 28/1, office 1, Chisinau MD-2012, Republic of Moldova, Europe
Printed at: see last page
ISBN: 978-620-7-41588-5

# Índice

*Aos meus pais, Shakeel Ahmad e Akhtari Begam*

*Meus irmãos e meus queridos amigos*

Mohd Imran

*Para a minha mulher, Noorien*

*os meus filhos, Maryam e Ibrahim*

*e os meus pais, M A Jani e Faila Uneeva*

Mohammed Abdul Qadeer

# Prefácio

Para conseguir serviços de comunicação ubíquos sem a presença ou utilização de uma infraestrutura fixa, não só é necessário como também é essencial quando a infraestrutura celular não está disponível ou não é fiável. Para este efeito, a topologia da rede não só deve ser dinâmica como o seu protocolo de encaminhamento deve ser adaptável por natureza: AODV e DSDV. As diferenças de desempenho foram analisadas através da variação do tempo de simulação. Estas simulações são efectuadas com o simulador de rede ns-2.

Este livro tem como objetivo propor a compreensão básica das redes móveis ad-hoc e dos seus protocolos de encaminhamento, bem como as numerosas métricas que podem ser utilizadas para avaliar a sua eficiência e adaptabilidade.

# 1. INTRODUÇÃO

## *1.1 Visão geral da tecnologia sem fios*

A utilização da tecnologia sem fios tornou-se um método omnipresente para aceder à Internet ou estabelecer ligação à rede local devido à sua implantação mais fácil e barata, com a possibilidade de adicionar novos dispositivos à rede a custo zero ou inferior. Os dispositivos equipados com adaptadores sem fios, juntamente com um ponto de acesso sem fios, constituem as redes locais sem fios (WLAN). Os pontos de acesso sem fios (WAP), que representam uma infraestrutura fixa, permitem que os dispositivos equipados com adaptadores sem fios sejam ligados entre si numa rede local (LAN) e tenham acesso à Internet. No entanto, a dependência de uma infraestrutura existente e as suas potenciais limitações à mobilidade podem constituir um grande inconveniente. Por conseguinte, os dispositivos com capacidade sem fios podem funcionar como entidades autónomas, comunicando através de múltiplos saltos sem fios sem uma infraestrutura fixa pré-estabelecida. Na discussão que se segue, esses dispositivos equipados com tecnologia sem fios são designados por nós e funcionam como clientes e servidores na rede para encaminhar os pacotes de dados. Uma rede deste tipo é designada por rede móvel ad-hoc (MANET)[1], em que os nós utilizados na rede podem mudar de localização de tempos a tempos. Os nós podem também aderir ou abandonar a rede de forma livre e arbitrária, sem qualquer restrição.

A ideia de rede ad-hoc móvel é por vezes também conhecida como rede sem infra-estruturas, uma vez que não necessita de servidores, routers, pontos de acesso ou cabos. Em vez disso, uma MANET é composta por um conjunto de nós móveis autónomos, que devem trabalhar em conjunto de forma distribuída para permitir o encaminhamento entre eles. Devido à falta de controlo centralizado e às frequentes alterações da topologia da rede, o encaminhamento torna-se uma questão vital e um grande desafio neste tipo de redes.

Um protocolo de encaminhamento é utilizado principalmente para descobrir o(s) caminho(s) mais curto(s), mais eficiente(s) e mais correto(s), ao mesmo tempo que permite a transmissão de dados entre diferentes dispositivos sem fios numa rede ad-hoc. Nos últimos tempos, verificou-se que as MANET são capazes de inserir a funcionalidade de encaminhamento nos nós móveis, o que permite poupar energia aos outros nós, reduzindo a sobrecarga de encaminhamento na rede. Além disso, este algoritmo de encaminhamento estabelece as comunicações e formaliza o acordo entre os nós, o que é essencial para o desempenho global de uma MANET[2].

## 1.2 Objetivo deste livro

A MANET é um tipo de rede ad-hoc sem fios e é uma rede auto-configurável de encaminhadores móveis (e anfitriões associados) ligados por ligações sem fios[3] - cuja união forma uma topologia arbitrária. Os encaminhadores, os nós participantes actuam como encaminhadores, são livres de se deslocarem aleatoriamente e de se gerirem arbitrariamente; assim, a topologia sem fios da rede pode mudar rápida e imprevisivelmente. Uma rede deste tipo pode funcionar de forma autónoma ou pode estar ligada à Internet de maior dimensão.

Neste livro, discutimos o desempenho daMANET[4] que é sensível à mobilidade, à escalabilidade e à carga de tráfego, pelo que examinar o desempenho de diferentes protocolos enquanto a quantidade de tráfego e a velocidade dos nós variam desempenha um papel crucial no encaminhamento eficiente do tráfego. Agora, o aspeto importante é saber se a variação da dimensão da rede, da velocidade dos nós e da carga de tráfego melhorará o desempenho dos protocolos. Até à data, os estudos de investigação sobre a análise do desempenho dos protocolos de encaminhamento das MANET têm apresentado resultados distintos, com base nas diferentes condições da rede, como o tipo de tráfego, os parâmetros, a dimensão da rede e a utilização de diferentes simuladores. Muitos investigadores trabalharam intensamente na análise do desempenho dos protocolos de encaminhamento das MANET, centrando-se no tráfego CBR (Constant Bit Rate), no tráfego FTP (File Transfer Protocol), no tráfego UDP (User Datagram Protocol) e no tráfego TCP (Transmission Control Protocol), etc. Mas sendo a MANET uma das redes mais utilizáveis e fiáveis para a comunicação com aplicações distintas, é necessário investigar o desempenho[5] dos protocolos de encaminhamento MANET DSR, OLSR e AODV escolhidos sobre o tráfego HTTP, uma vez que este desempenha um papel fundamental nas aplicações MANET.

A simulação e a avaliação do desempenho de vários protocolos de encaminhamento para MANET em vários ambientes de simulação são abordadas no capítulo seguinte. O primeiro corresponde a uma visão geral das MANET, o segundo à descrição dos protocolos de encaminhamento, o terceiro aos protocolos de encaminhamento reactivos e o último, no qual realizámos a simulação dos protocolos utilizando o simulador ns-2.

## 1.3 *Âmbito do livro*

Considerando uma rede ad-hoc que é caracterizada por uma topologia que muda frequentemente e por uma conetividade reduzida da infraestrutura, um protocolo deve ser testado em condições realistas, mas também não deve ser limitado e deve ser tido em conta um alcance de transmissão razoável para a comunicação. Além disso, para explorar essas potencialidades, a modelação por simulação e a análise teórica têm de ser complementadas. Muitos destes protocolos foram simulados e o seu desempenho foi avaliado em função de numerosos parâmetros, como o atraso, as fracções de entrega de pacotes e o jitter. Este livro apresenta as condições de simulação e a avaliação do desempenho dos protocolos de encaminhamento MANET, mostrando como as redes de infra-estruturas são essenciais na era atual, em que os grandes volumes de dados são um elemento crucial da tecnologia da Internet.

# 2. PROTOCOLOS DE ENCAMINHAMENTO

## 2.1 Encaminhamento

O encaminhamento[6] é o ato de transportar informação de uma fonte para um destino numa rede Internet. Durante a transferência de informação, é encontrado pelo menos um nó intermédio dentro da rede Internet. Basicamente, este conceito envolve duas actividades: a determinação de caminhos de encaminhamento óptimos e a transferência de pacotes através de uma rede Internet. A transferência de pacotes através de uma rede Internet é designada por comutação de pacotes, que é simples, ao passo que a determinação do trajeto pode ser muito complexa.

Os protocolos de encaminhamento utilizam várias métricas como medida padrão para calcular o melhor caminho para encaminhar os pacotes para o seu destino, que pode ser o número de saltos, que são utilizados pelo algoritmo de encaminhamento para determinar o caminho ótimo para o pacote até ao seu destino. O processo de determinação do trajeto consiste em os algoritmos de encaminhamento descobrirem e manterem tabelas de encaminhamento, que contêm todas as informações sobre o trajeto do pacote. A informação sobre o percurso varia consoante o algoritmo de encaminhamento. As tabelas de encaminhamento são preenchidas com entradas que incluem o prefixo do endereço IP e o salto seguinte. As associações destino-próximo salto da tabela de encaminhamento indicam ao encaminhador que um determinado destino pode ser alcançado de forma óptima enviando o pacote para um encaminhador que represente o -próximo salto- a caminho do destino final e o prefixo do endereço IP especifica um conjunto de destinos para os quais a entrada de encaminhamento é válida.

O encaminhamento é classificado principalmente em encaminhamento estático e encaminhamento dinâmico. O encaminhamento estático refere-se à estratégia de encaminhamento que é definida manualmente ou estaticamente no encaminhador. O encaminhamento estático mantém uma tabela de encaminhamento normalmente escrita por um administrador de rede. A tabela de encaminhamento não depende do estado da rede, ou seja, se o destino está ativo ou não. O encaminhamento dinâmico refere-se à estratégia de encaminhamento que está a ser aprendida por um protocolo de encaminhamento interior ou exterior. Este encaminhamento depende essencialmente do estado da rede, ou seja, a tabela de encaminhamento é afetada pela atividade do destino.

## *2.2 Roteamento em redes móveis ad hoc*

As redes móveis ad-hoc são redes sem fios multihop auto-organizadas e auto-configuráveis, em que a estrutura da rede muda dinamicamente. Isto deve-se principalmente à mobilidade dos nós. Os nós nestas redes utilizam o mesmo canal sem fios de acesso aleatório, cooperando de forma íntima para se envolverem no encaminhamento multihop. Os nós da rede não só actuam como anfitriões, mas também como routers que encaminham os dados de e para outros nós da rede. Nas redes móveis ad-hoc não existe qualquer infraestrutura de apoio, como é o caso das redes sem fios, e uma vez que um nó de destino pode estar fora do alcance de um nó de origem que transfere pacotes, é necessário um procedimento de encaminhamento. Este está sempre pronto a encontrar um caminho para encaminhar adequadamente os pacotes entre a fonte e o destino. Numa célula, uma estação de base pode chegar a todos os nós móveis sem encaminhamento através de difusão em redes sem fios comuns.

No caso das redes ad-hoc, cada nó deve poder encaminhar dados para outros nós. Este facto cria problemas adicionais, juntamente com os problemas da topologia dinâmica, que consiste em alterações imprevisíveis da conetividade.

## *2.3 Propriedades dos protocolos de encaminhamento Ad-Hoc*

As propriedades que são desejáveis nos protocolos de roteamento Ad-Hoc são:

i)     . **Funcionamento distribuído:** O protocolo deve ser distribuído. Não deve estar dependente de um nó de controlo centralizado. Este é o caso mesmo das redes estacionárias. A diferença é que os nós de uma rede ad-hoc podem entrar ou sair da rede muito facilmente e, devido à mobilidade, a rede pode ser dividida.

ii)     . **Livre de loops:** Para melhorar o desempenho global, o protocolo de encaminhamento deve garantir que as rotas fornecidas não tenham loops. Isto evita qualquer utilização incorrecta da largura de banda ou do consumo de CPU.

iii)     . **Funcionamento baseado na procura:** Para minimizar a sobrecarga de controlo na rede e, assim, não utilizar indevidamente os recursos da rede, o protocolo deve ser reativo. Isto significa que o protocolo deve reagir apenas quando necessário e não deve transmitir periodicamente informações de controlo.

iv)     . **Suporte de ligações unidireccionais:** O ambiente de rádio pode provocar a formação de ligações unidireccionais. A utilização destas ligações e não apenas das ligações bidireccionais melhora o desempenho do protocolo de encaminhamento.

**v)   . Segurança:** O ambiente de rádio é especialmente vulnerável a ataques de falsificação de identidade, pelo que, para garantir o comportamento pretendido do protocolo de encaminhamento, precisamos de algum tipo de medidas de segurança. A autenticação e a encriptação são o caminho a seguir e o problema aqui reside na distribuição das chaves entre os nós da rede ad-hoc.

**vi)   . Conservação de energia:** Os nós da rede ad-hoc podem ser computadores portáteis e terminais, como os PDA, que têm uma bateria limitada e, por isso, utilizam um modo de espera para poupar energia. Por conseguinte, é muito importante que o protocolo de encaminhamento tenha suporte para estes modos de espera.

**vii)   . Rotas múltiplas:** Para reduzir o número de reacções às alterações topológicas e ao congestionamento, podem ser utilizadas rotas múltiplas. Se uma rota se tornar inválida, é possível que outra rota armazenada possa ainda ser válida, evitando assim que o protocolo de encaminhamento inicie outro procedimento de descoberta de rotas.

**viii) . Suporte de qualidade de serviço:** É necessário incorporar algum tipo de qualidade de serviço no protocolo de encaminhamento. Isto ajuda a determinar para que é que estas redes serão utilizadas. Pode ser, por exemplo, o apoio ao tráfego em tempo real.

### *2.4   Problemas de encaminhamento em redes móveis ad hoc*

**i)    . Ligações assimétricas:** A maior parte das redes com fios baseia-se em ligações simétricas que são sempre fixas. Mas o mesmo não acontece com as redes ad-hoc, uma vez que os nós são móveis e estão constantemente a mudar de posição na rede. [6]

**ii)   . Sobrecarga de encaminhamento:** Nas redes ad hoc sem fios, os nós mudam frequentemente a sua localização na rede. Por conseguinte, são geradas algumas rotas obsoletas na tabela de encaminhamento, o que conduz a uma sobrecarga de encaminhamento desnecessária.

**iii)   . Interferência:** Este é o principal problema das redes ad-hoc móveis, uma vez que as ligações vão e vêm em função das características da transmissão, uma transmissão pode interferir com outra e um nó pode ouvir as transmissões de outros nós e corromper a transmissão total.

**iv)   . Topologia dinâmica:** Uma vez que a topologia não é constante, o nó móvel pode deslocar-se ou as características do meio podem mudar. Nas redes ad-hoc, as tabelas de encaminhamento têm de refletir de alguma forma estas alterações da topologia e os algoritmos de encaminhamento têm de ser adaptados. Por exemplo, numa rede fixa, a atualização da tabela de encaminhamento é feita de 30 em 30 segundos. Esta frequência de atualização pode ser muito baixa nas redes ad-hoc.

## 2.5  Classificação dos protocolos de encaminhamento

A classificação dos protocolos de encaminhamento[7] numa rede ad hoc móvel pode ser efectuada de muitas formas, mas a maior parte delas depende da estratégia de encaminhamento e da estrutura da rede. Os protocolos de encaminhamento podem ser classificados como encaminhamento plano, encaminhamento hierárquico e encaminhamento assistido por posição geográfica, dependendo da estrutura da rede. De acordo com a estratégia de encaminhamento, os protocolos de encaminhamento podem ser classificados como orientados por tabelas e iniciados pela fonte.

A classificação dos protocolos de roteamento é mostrada na Figura 1 abaixo.

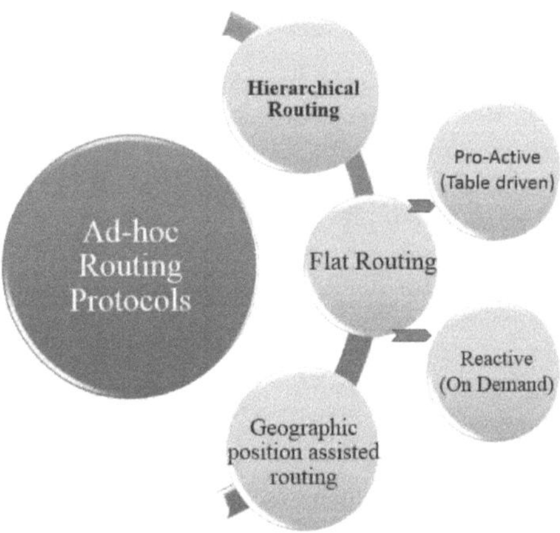


**Figura 1:** Classificação dos protocolos de encaminhamento

### 2.5.1 Protocolos de encaminhamento plano

Os protocolos de encaminhamento plano dividem-se principalmente em duas classes; a primeira é a dos protocolos de encaminhamento proactivos (orientados por tabelas) e a outra é a dos protocolos de encaminhamento reactivos (a pedido). Uma coisa é geral para ambas as classes de protocolos: cada nó que participa no encaminhamento desempenha um papel igual. Foram ainda classificados de acordo com os seus princípios de conceção; o encaminhamento proactivo baseia-se principalmente no LS (link-state), enquanto o encaminhamento a pedido se baseia no DV (distance-vetor).

### 2.5.1.1 *Protocolos de encaminhamento pró-activos / orientados por tabelas*

Os protocolos MANET proactivos são também designados por protocolos orientados por tabelas e determinam ativamente a disposição da rede. Através de uma troca regular de pacotes de topologia de rede entre os nós da rede, em cada nó é mantida uma imagem absoluta da rede[8]. Assim, o atraso na determinação da rota a seguir é mínimo.

Isto é especialmente importante para o tráfego de tempo crítico. Quando as informações de encaminhamento se tornam rapidamente inúteis, há muitas rotas de curta duração que estão a ser determinadas e não são utilizadas antes de se tornarem inválidas. Por conseguinte, outra desvantagem resultante do aumento da mobilidade é a quantidade de sobrecarga de tráfego gerada ao avaliar estas rotas desnecessárias. Isso é especialmente alterado quando o tamanho da rede aumenta. A parte do tráfego total de controlo que consiste em dados práticos reais é ainda mais reduzida. Por último, se os nós transmitirem com pouca frequência, a maior parte das informações de encaminhamento é considerada redundante. No entanto, os nós continuam a gastar energia ao actualizarem continuamente estas entradas não utilizadas nas suas tabelas de encaminhamento, como já foi referido, a conservação de energia é muito importante na conceção de um sistema MANET. Por conseguinte, este gasto excessivo de energia não é desejado. Assim, os protocolos MANET proactivos funcionam melhor em redes com baixa mobilidade dos nós ou em que os nós transmitem dados frequentemente. Exemplos de protocolos MANET proativos incluem:

* Roteamento otimizado de estado de link (OLSR)

* Encaminhamento de estado olho-de-peixe (FSR)

* Vetor de distância sequenciado no destino (DSDV)

* Protocolo de encaminhamento de comutador de gateway de cabeça de grupo (CGSR)

### 2.5.1.1  *Protocolos reactivos (a pedido)*

Nós portáteis - computadores portáteis, palmtops ou mesmo telemóveis compõem normalmente as redes ad hoc sem fios. Esta portabilidade traz também um problema significativo de mobilidade. Esta é uma questão fundamental nas redes ad-hoc. A mobilidade dos nós faz com que a topologia da rede mude constantemente. Manter o controlo desta topologia não é uma tarefa fácil e podem ser consumidos demasiados recursos na sinalização. Os protocolos de encaminhamento reactivos foram concebidos para este tipo de ambientes. Estes protocolos baseiam-se na ideia de que não faz sentido tentar ter uma imagem de toda a topologia da rede, uma vez que esta estará em constante mudança.

Em vez disso, sempre que um nó precisa de uma rota para um determinado destino, inicia um processo de descoberta de rotas em tempo real, para descobrir um caminho Os protocolos reactivos começam a estabelecer rotas a pedido. O protocolo de encaminhamento tentará estabelecer essa rota sempre que um nó quiser iniciar uma comunicação com outro nó para o qual não tenha rota. Este tipo de protocolos baseia-se normalmente na inundação da rede com mensagens de pedido de rota (RREQ) e de resposta à rota (RERP). Com a ajuda da mensagem de pedido de rota, a rota é descoberta a partir do nó de origem até ao nó de destino; e quando o nó de destino recebe uma mensagem RREQ, envia uma mensagem RERP para confirmar que a rota foi estabelecida. Este tipo de protocolo é geralmente muito eficaz em redes de taxa única. Normalmente, minimiza o número de saltos do caminho selecionado. No entanto, em redes de taxa múltipla, o número de saltos não é tão importante quanto a taxa de transferência que pode ser obtida num determinado caminho.

Os diferentes tipos de protocolos orientados a pedido são:

*   Protocolo de encaminhamento Ad hoc On Demand Distance Vetor (AODV)

*   Protocolo de encaminhamento de fonte dinâmica (DSR)

*   Algoritmo de encaminhamento temporalmente ordenado (TORÀ)

*   Protocolo de encaminhamento baseado na associatividade (ABR)

*   Protocolo de encaminhamento adaptativo baseado na estabilidade do sinal (SSA)

*   Protocolo de encaminhamento assistido por localização (LAR)

### 2.5.2 Protocolos de encaminhamento híbridos

Uma vez que os protocolos proactivos e reactivos funcionam melhor em cenários opostos, o método híbrido utiliza ambos. É utilizado para encontrar um equilíbrio entre os dois protocolos. As operações proactivas estão limitadas a um pequeno domínio, enquanto os protocolos reactivos são utilizados para localizar nós fora desses domínios. Exemplos de protocolos híbridos são:

- Protocolo de encaminhamento de zonas, (ZRP)

- Protocolo de encaminhamento ad hoc sem fios, (WARP)

### 2.5.3 Protocolos de encaminhamento hierárquico

À medida que a dimensão da rede sem fios aumenta, os protocolos de encaminhamento planos podem produzir demasiadas despesas gerais para a MANET. Neste caso, pode ser preferível uma solução hierárquica.

Exemplos de protocolos de encaminhamento hierárquico são:

- Encaminhamento hierárquico de estados (HSR)

- Protocolo de encaminhamento de zonas (ZRP)

- Protocolo de encaminhamento de comutador de gateway de cabeça de grupo (CGSR)

- Protocolo de encaminhamento Ad Hoc de referência (LANMAR)

### 2.5.4 Protocolos de encaminhamento geográfico

Existem duas abordagens para as redes ad hoc móveis geográficas:

1. Coordenadas geográficas reais (obtidas através do GPS - Sistema de Posicionamento Global).

2. Pontos de referência num sistema de coordenadas fixo.

Uma vantagem dos protocolos de encaminhamento geográfico[9] é o facto de evitarem a procura de destinos em toda a rede. Se as coordenadas geográficas recentes forem conhecidas, os pacotes de controlo e de dados podem ser enviados na direção geral do destino. Isto reduz a sobrecarga de controlo na rede. Uma desvantagem é que todos os nós devem ter acesso às suas coordenadas geográficas a todo o momento para que os protocolos de encaminhamento geográfico sejam úteis. As actualizações de encaminhamento devem ser feitas mais rapidamente em comparação com a taxa de mobilidade da rede para que o encaminhamento baseado na localização seja considerado eficaz. Isto deve-se ao facto de a localização dos nós poder mudar rapidamente numa MANET. Exemplos de protocolos de encaminhamento geográfico são:

- GeoCast (Endereçamento e encaminhamento geográfico)

- DREAM (Distance Routing Effect Algorithm for Mobility)

- GPSR (Greedy Perimeter Stateless Routing)

## 2.6 Comparação dos protocolos de encaminhamento proactivo e reativo

A tabela 1 seguinte compara brevemente o protocolo de encaminhamento proactivo (orientado por tabelas) com os protocolos de encaminhamento reactivos (a pedido).

| Protocolos proactivos | Protocolos reactivos |
|---|---|
| Tentativa de manter informações de encaminhamento consistentes e actualizadas de cada nó para todos os outros nós da rede. | Um itinerário só é construído quando necessário. |
| Propagação constante de informações de encaminhamento periodicamente, mesmo quando não ocorrem alterações na topologia | Sem actualizações periódicas. As informações de controlo não são propagadas a menos que haja uma alteração na topologia |
| Incorre num consumo substancial de tráfego e energia, que é geralmente escasso nos computadores móveis | Não gera um consumo substancial de tráfego e energia em comparação com os protocolos de encaminhamento baseados em tabelas |
| A latência do primeiro pacote é menor quando comparada com os protocolos a pedido | A latência do primeiro pacote é maior quando comparada com os protocolos orientados por tabelas, porque é necessário construir uma rota |
| Está sempre disponível uma rota para qualquer outro nó da rede ad-hoc | Não disponível |

**Tabela 1** Comparação dos protocolos de encaminhamento proactivo e reativo

# 3. Protocolos de encaminhamento reactivos

O protocolo reativo é identificado como protocolos a pedido porque cria rotas apenas quando estas são necessárias. A necessidade é iniciada pela fonte, como o nome sugere. Quando um nó de origem necessita de uma rota para um destino, inicia um processo de descoberta de rota na rede. Este processo é concluído quando uma rota é encontrada ou quando todas as permutações de rotas possíveis foram examinadas. Depois disso, há um procedimento de manutenção de rotas para manter as rotas válidas e remover as rotas inválidas.

Os vários protocolos de encaminhamento reativo são discutidos a seguir:

## 3.1 Encaminhamento ad hoc por vetor de distância a pedido (AODV)

O encaminhamento AODV (Ad hoc On Demand Distance Vetor) é um protocolo de encaminhamento para redes ad hoc móveis e outras redes ad hoc sem fios, desenvolvido conjuntamente no Centro de Investigação Nokia da Universidade da Califórnia, em Santa Barbara, e na Universidade de Cincinnati por C. Perkins e S. Das[10]. Trata-se de um protocolo de encaminhamento a pedido e de vetor de distância, o que significa que o AODV estabelece uma rota a partir de um destino apenas a pedido. O AODV é capaz de efetuar encaminhamentos unicast e multicast. Mantém estas rotas enquanto forem desejadas pelas fontes. Além disso, o AODV cria árvores que ligam os membros do grupo multicast. As árvores são compostas pelos membros do grupo e pelos nós necessários para ligar os membros. Os números de sequência são utilizados pelo AODV para garantir a frescura das rotas.

### Gestão da tabela de rotas

O AODV precisa de manter o registo das seguintes informações para cada entrada na tabela de rotas:

- Endereço IP de destino: Endereço IP do nó de destino.

- Número de sequência do destino: Número de sequência para este destino.

- Contagem de saltos: Número de saltos para o destino.

- Next Hop: O vizinho que foi designado para encaminhar pacotes para o destino desta entrada de rota.

- Tempo de vida: O tempo durante o qual a rota é considerada válida.

- Lista de vizinhos activos: Nós vizinhos que estão a utilizar ativamente esta entrada de rota.

- Buffer de pedidos: Assegura que cada pedido só é processado uma vez.

É livre de loops, tem arranque automático e pode ser dimensionado para um grande número de nós móveis. O AODV define três tipos de mensagens de controlo para a manutenção da rota:

**RREQ-**

Uma mensagem de pedido de rota é transmitida por um nó que necessita de uma rota para um nó. Como otimização, o AODV utiliza uma técnica de anel expansivo ao enviar estas mensagens.

Cada RREQ tem um valor de tempo de vida (TTL) que indica para quantos saltos esta mensagem será encaminhada. Este valor é definido para um valor predefinido na primeira transmissão e aumenta as retransmissões. As retransmissões ocorrem se não forem recebidas respostas. Pacotes de dados à espera de serem transmitidos (ou seja, os pacotes que iniciaram o RREQ).

Cada nó mantém dois contadores separados: um número de sequência do nó e um broadcast_id.

O RREQ contém os seguintes campos: -

| Fonte Endereço | Difusão ID | Fonte sequência não | Endereço de destino | Destino sequência não | Contagem de saltos |
|---|---|---|---|---|---|

O par <endereço de origem, ID de difusão> identifica exclusivamente um RREQ. Broadcast_id é incrementado sempre que a fonte emite um novo RREQ.

**RREP - Uma** mensagem de resposta de rota é enviada de volta para o originador de um RREQ se este receber o seu nó que utiliza o endereço solicitado, ou se tiver uma rota válida para o endereço solicitado. A razão pela qual a mensagem pode ser unicasted de volta é que cada rota que encaminha um RREQ armazena em cache uma rota de volta para o originador.

**RERR**

Os nós monitorizam o estado da ligação dos próximos passos das rotas inactivas. Quando é detectada uma quebra de ligação numa rota ativa, é emitida uma mensagem RERR para notificar os outros nós da perda da ligação. Para permitir este mecanismo de notificação, cada nó mantém uma "lista de pré-cursores", contendo o endereço IP de cada um dos seus vizinhos que provavelmente o utilizarão como próximo salto para cada destino.

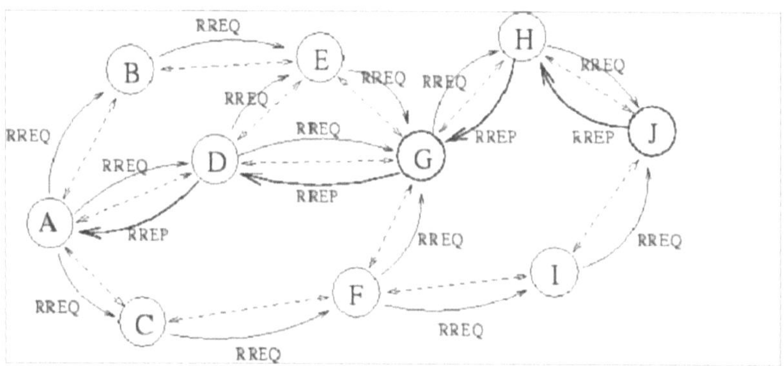


**Figura 2:** Um caminho possível para a resposta a uma rota se A quiser encontrar uma rota para J

A Figura 2 acima ilustra uma sessão de procura de rota AODV. O nó A quer iniciar o tráfego para o nó J, para o qual não tem rota. Foi feita uma transmissão de um RREQ, que é enviado para todos os nós da rede. Quando este pedido é reencaminhado para J a partir de H, J gera um RREP. Este RREP é então unicasted de volta para A usando as entradas em cache nos nós H, G e D.

O AODV constrói rotas utilizando um ciclo de consulta de pedido de rota/resposta de rota. Quando um nó de origem deseja uma rota para um destino para o qual ainda não tem uma rota, ele lança um pacote de pedido de rota (RREQ) através da rede.

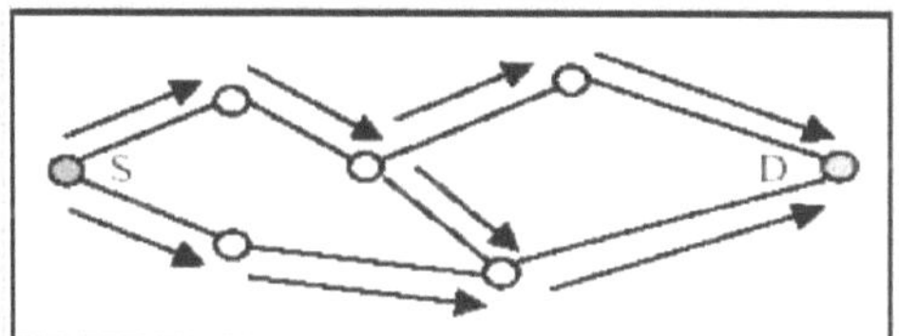


**Figura 3:** Propagação doRREQ do nó de origem para o nó de destino

Os nós que recebem este pacote actualizam as suas informações para o nó de origem e estabelecem pontos de retorno para outro nó de origem nas tabelas de rotas.

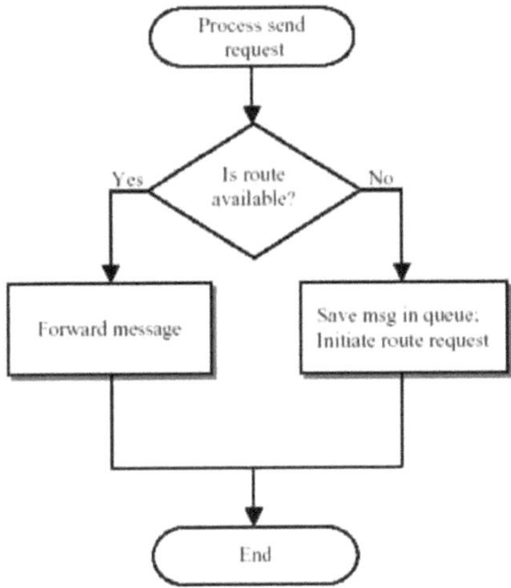


**Figura 4:** Fluxograma da difusão da mensagem RREQ

Para além do endereço IP do nó de origem, do número de sequência atual e da ID de difusão, o RREQ contém também o número de sequência mais recente para o destino de que o nó de origem tem conhecimento. Um nó que recebe o RREQ pode enviar uma resposta de rota (RREP) se for o destino ou se tiver uma rota para o destino com um número de sequência correspondente maior ou igual ao contido no RREQ. Se for esse o caso, envia um RREP de volta à fonte. Caso contrário, volta a transmitir o RREQ. Os nós registam o endereço IP de origem do RREQ e o ID de difusão. Se receberem um RREQ que já tenham processado, descartam o RREQ e não o reencaminham. À medida que o RREP se propaga de volta para a fonte, os nós configuram ponteiros de encaminhamento para o destino. Quando o nó de origem recebe o RREP, pode começar a encaminhar pacotes de dados para o destino. Se a fonte receber mais tarde um RREP com um número de sequência maior ou com o mesmo número de sequência com uma contagem de saltos menor, pode atualizar as suas informações de encaminhamento para esse destino e começar a utilizar a melhor rota. Enquanto a rota permanecer ativa, continuará a ser mantida. Uma rota é considerada ativa enquanto houver pacotes de dados a viajar periodicamente da fonte para o destino ao longo desse caminho. Quando a fonte deixa de enviar pacotes de dados, as ligações atingem o tempo limite e acabam por ser eliminadas das tabelas de encaminhamento dos nós intermédios. Se ocorrer uma quebra de ligação enquanto a rota estiver ativa, o nó a montante da quebra propaga uma mensagem de erro de rota (RERR) ao nó de origem para o informar dos seus próprios destinos alcançáveis. Depois de receber a mensagem RERR, se o nó de origem ainda desejar a rota, pode reiniciar a descoberta da rota.

### 3.1.1 Características do AODV

• Comunicação Unicast, Broadcast e Multicast.

• Estabelecimento de rotas a pedido com pequeno atraso.

• Árvores multicast que ligam os membros do grupo mantidas durante o tempo de vida do grupo multicast

• As quebras de ligação em rotas activas são reparadas de forma eficiente.

• Todas as rotas estão isentas de loops através da utilização de números de sequência.

• Utilização de números de sequência para controlar a exatidão das informações.

• Apenas mantém o registo do próximo salto de uma rota em vez de toda a rota.

• Utilização de mensagens HELLO periódicas para localizar os vizinhos.

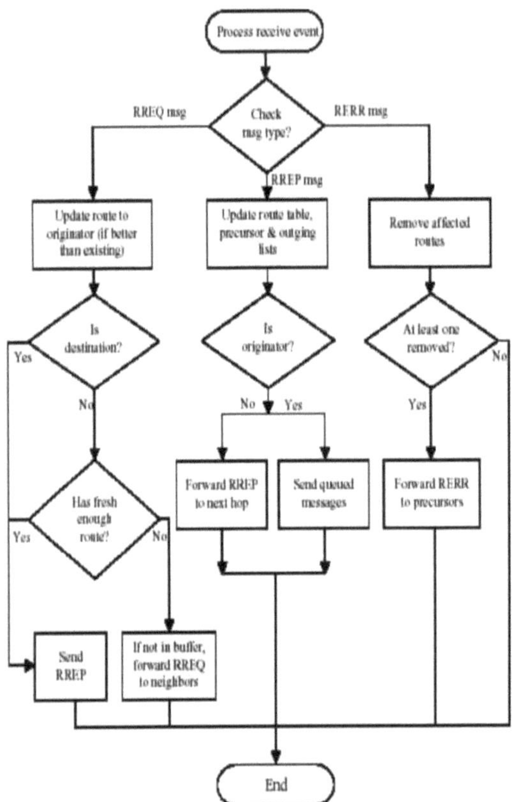


**Figura 5:** Fluxograma de um nó AODV ao processar uma mensagem recebida

### *3.1.2 Vantagens e desvantagens*

A principal vantagem do protocolo AODV é o facto de as rotas serem estabelecidas a pedido e de os números de sequência do destino serem utilizados para encontrar a rota mais recente para o destino. O atraso no estabelecimento da ligação é menor. As mensagens HELLO que apoiam a manutenção das rotas têm um alcance limitado, pelo que não causam sobrecargas desnecessárias na rede.

Uma das desvantagens deste protocolo é o facto de os nós intermédios poderem dar origem a rotas inconsistentes se o número de sequência da fonte for muito antigo e os nós intermédios tiverem um número de sequência de destino mais elevado, mas não o mais recente, o que resulta em entradas obsoletas. Além disso, a existência de vários pacotes Route Reply em resposta a um único pacote Route Request pode levar a uma sobrecarga de controlo elevada. Outra desvantagem do AODV é que o facto de ser um coning periódico leva a uma largura de banda desnecessária

### 3.1.3 Exemplo de AODV

A figura 6 seguinte mostra uma configuração de cinco nós numa rede sem fios. Os círculos ilustram o alcance da comunicação de cada nó. Devido ao alcance limitado, cada nó só pode comunicar com os nós que lhe estão próximos. Os nós que podem comunicar diretamente com os outros nós são considerados vizinhos.

Um nó mantém o registo dos seus vizinhos ouvindo uma mensagem HELLO que cada nó transmite em intervalos definidos. Quando um nó precisa de enviar uma mensagem para outro nó que não é seu vizinho, transmite uma mensagem de Route Request (RREQ). A mensagem RREQ contém várias informações importantes: a origem, o destino, o tempo de vida da mensagem e um *número de sequência* que serve de identificação única.

O nó 1 deseja enviar uma mensagem ao nó 3. O nó 1' tem como vizinhos os nós 2 e 4. Uma vez que o nó 1 não pode comunicar diretamente com o nó 3, o nó 1 envia um RREQ. O RREQ é ouvido pelos nós 4 e 2, como mostra a Figura 7.

Quando os vizinhos do nó 1' recebem a mensagem RREQ, têm duas opções: se conhecerem uma rota para o destino ou se forem eles próprios o destino, podem enviar uma mensagem de resposta ao itinerário (RREP) para o nó 1; caso contrário, retransmitem o RREQ ao seu conjunto de vizinhos.

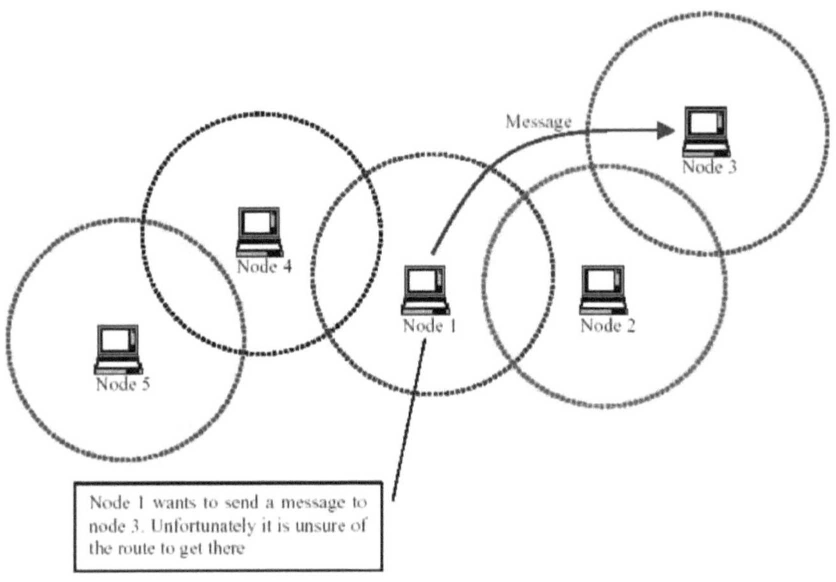


**Figura 6:** Configuração de uma rede ad hoc móvel constituída por cinco nós

A mensagem continua a ser retransmitida até ao fim do seu tempo de vida útil. Se o nó 1 não receber uma resposta num determinado período de tempo, voltará a transmitir o pedido, mas desta vez a mensagem RREQ terá um tempo de vida mais longo e um novo número de identificação. Todos os nós utilizam o *número de sequência* no RREQ para garantir que não retransmitem o mesmo RREQ.

Na Figura 8, o nó 2 tem uma rota para o nó 3 e responde ao RREQ enviando um RREP. O nó 4, por outro lado, não tem uma rota para o nó 3, pelo que retransmite o RREQ. Os números de sequência funcionam como selos temporais. Permitem que os nós comparem o quão "recente" é a sua informação sobre os outros nós. Sempre que um nó envia qualquer tipo de mensagem, aumenta o seu próprio número de sequência. Cada nó regista o número de sequência de todos os outros nós com quem fala. Um número de sequência mais elevado significa uma rota mais recente. Assim, é possível que os outros nós descubram qual deles tem informações mais exactas.

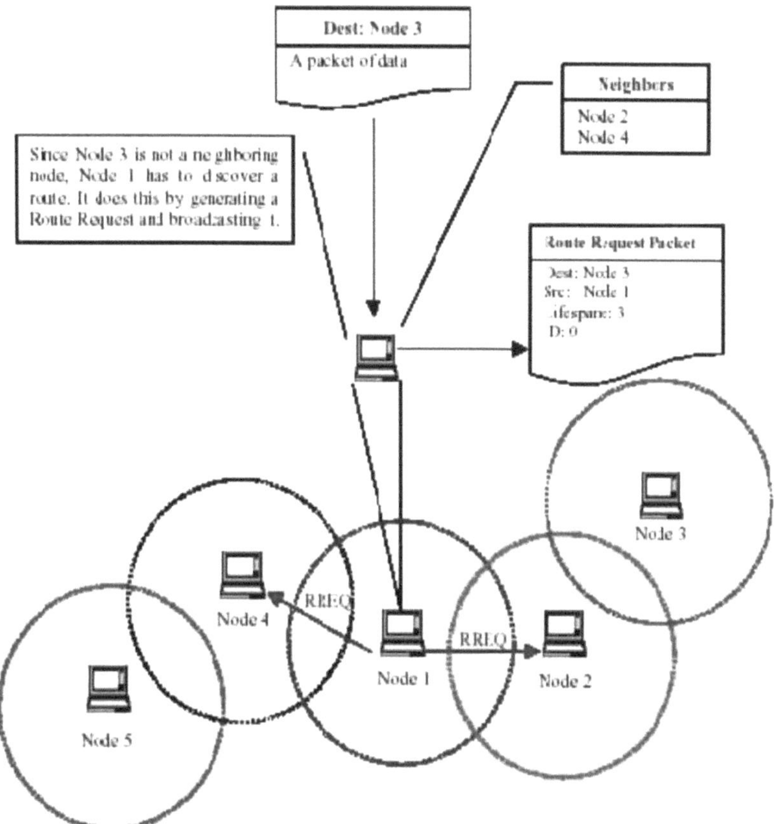


**Figura 7:** O nó 1 envia um RREQ aos seus nós vizinhos

Na Figura 9, o nó 1 está a reencaminhar um RREP para o nó 4. Este nota que a rota no RREP tem um número de sequência melhor do que a rota na sua lista de encaminhamento. O nó 1 substitui então a rota que tem atualmente pela rota do RREP.

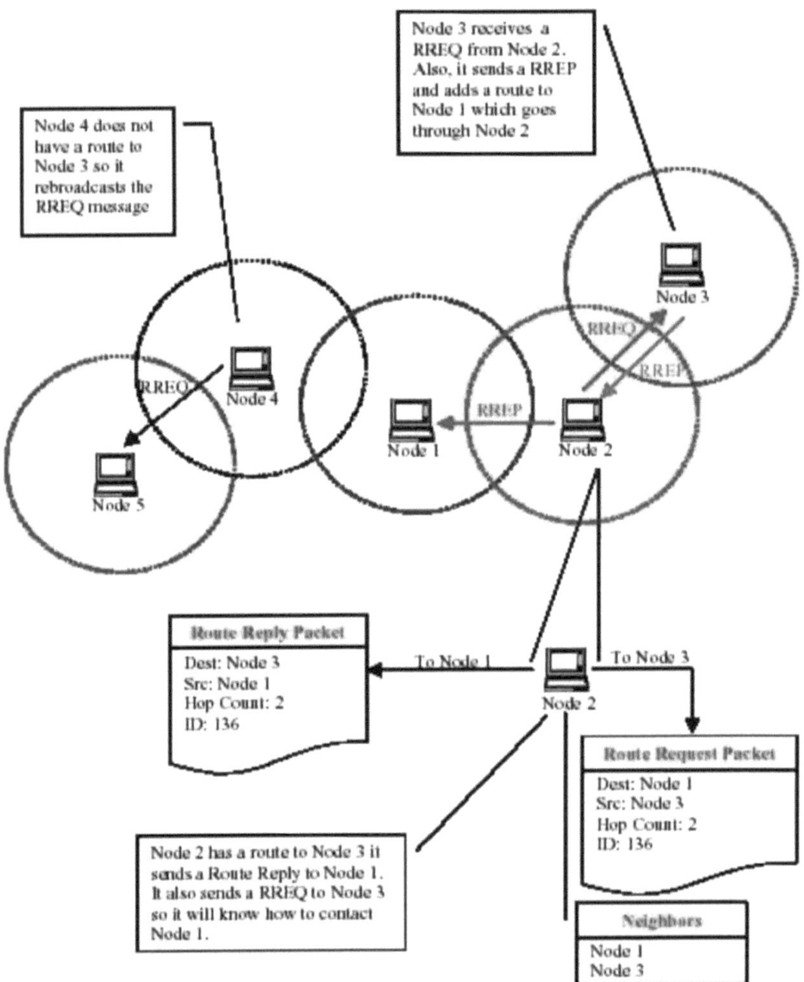


**Figura 8:** O nó 2 tem uma rota para o nó 3 e envia um RREP

A mensagem de erro de rota (RERR) permite ao AODV ajustar as rotas quando os nós se deslocam. Sempre que um nó recebe uma RERR, examina a tabela de encaminhamento e remove todas as rotas que contêm os nós com problemas.

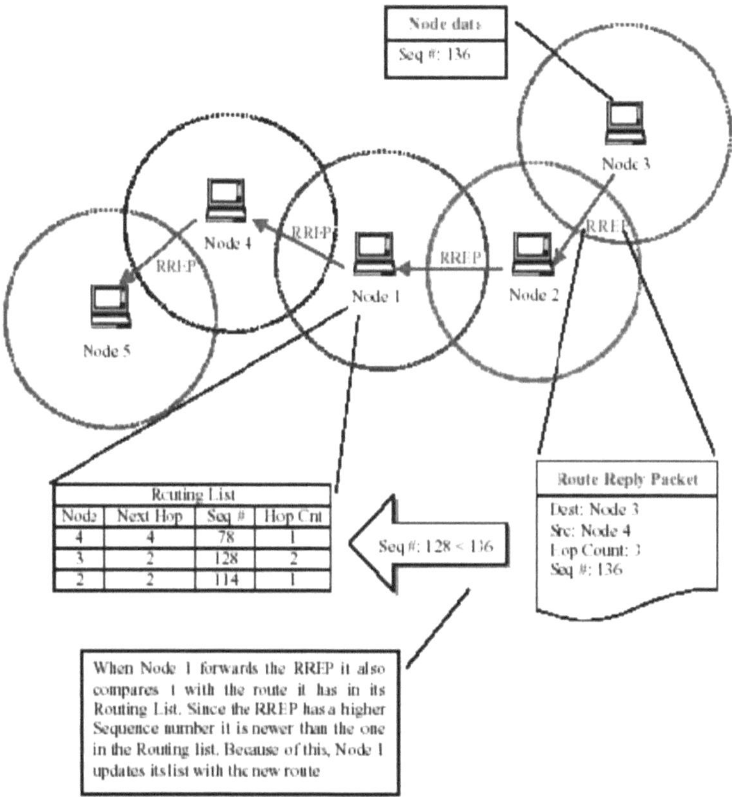


**Figura 9:** O nó 1 está a reencaminhar um RREP para o nó 4

A figura 10 ilustra os três casos em que um nó pode transmitir um RERR aos seus vizinhos. No primeiro cenário, o nó recebe um pacote de dados que é suposto encaminhar, mas não tem uma rota para o destino.

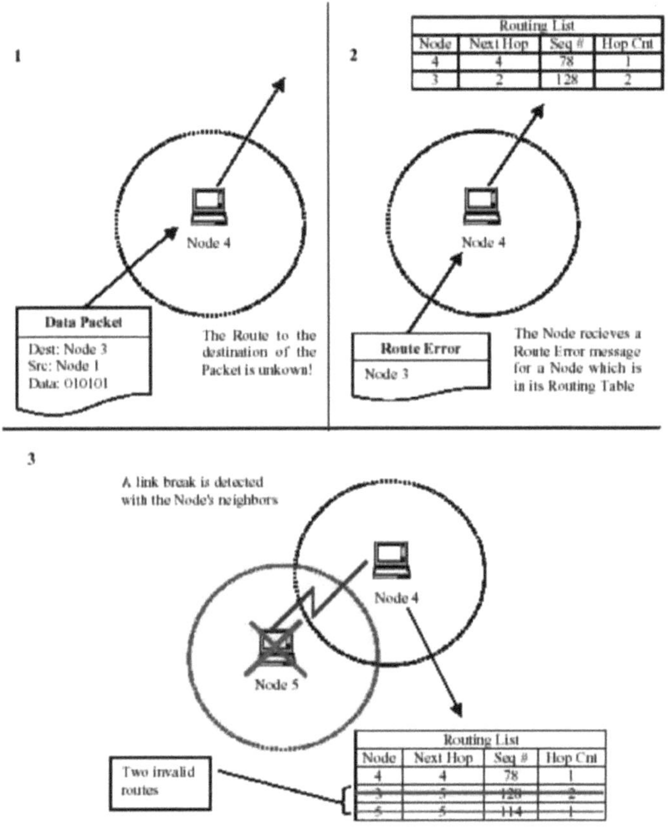


**Figura 10:** Diferentes casos de um nó que transmite um RERR aos seus vizinhos

O verdadeiro problema não é o facto de o nó não ter uma rota; o problema é que alguns outros nós podem assumir que a rota correcta para o destino passa por esse nó. No segundo cenário, o nó recebe um RERR que faz com que pelo menos uma das suas rotas se torne inválida. Se isso acontecer, o nó enviará um RERR com todos os novos nós que estão agora inacessíveis. No terceiro cenário, o nó detecta que não consegue comunicar com um dos seus vizinhos. Quando isto acontece, procura na tabela de encaminhamento as rotas que usam o vizinho como próximo salto e marca-as como inválidas. Em seguida, envia um RERR para os vizinhos com as rotas inválidas.

### 3.2 Encaminhamento dinâmico de fontes (DSR)

O Dynamic Source Routing (DSR) é um protocolo de encaminhamento para redes em malha sem fios. É semelhante ao AODV na medida em que estabelece uma rota a pedido quando um nó móvel transmissor a solicita. No entanto, utiliza o encaminhamento pela fonte em vez de se basear na tabela de encaminhamento em cada dispositivo intermédio.

O protocolo de encaminhamento de fonte dinâmica (DSR) é um protocolo de encaminhamento de fonte a pedido, em que toda a informação de encaminhamento é mantida (continuamente actualizada) nos nós móveis. O DSR permite que a rede seja completamente auto-organizada e auto-configurável, sem necessidade de qualquer infraestrutura ou administração de rede existente. O protocolo é composto pelos dois principais mecanismos de "descoberta de rotas" e "manutenção de rotas", que funcionam em conjunto para permitir que os nós descubram e mantenham rotas para destinos arbitrários na rede ad hoc. Um caminho ótimo para uma comunicação entre um nó de origem e um nó de destino é determinado pelo processo de descoberta de rotas. A manutenção da rota garante que o caminho de comunicação se mantém ótimo e livre de lacunas de acordo com a alteração das condições da rede, mesmo que para isso seja necessário alterar a rota durante uma transmissão. A resposta ao itinerário só é gerada se a mensagem tiver chegado ao nó de destino previsto (o registo do itinerário contido no pedido de itinerário é inserido na resposta ao itinerário). Para devolver o Route Reply, o nó de destino deve ter uma rota para o nó de origem. Se a rota estiver na cache de rotas do nó de destino, a rota será utilizada. Caso contrário, o nó inverterá a rota com base no registo da rota no cabeçalho da mensagem de resposta ao itinerário (ligações simétricas). Em caso de transmissão fatal, é iniciada a fase de manutenção da rota, na qual são gerados pacotes de erro de rota num nó. O salto incorreto será retirado da cache de rotas do nó; todas as rotas que contêm o salto são reduzidas nesse ponto. Novamente, a fase de descoberta de rota é iniciada para determinar a rota mais viável.

### 3.2.1 Vantagens e desvantagens

O DSR utiliza uma abordagem reactiva que elimina a necessidade de inundar periodicamente a rede com mensagens de atualização de tabelas, que são necessárias numa abordagem baseada em tabelas. Os nós intermédios também utilizam a informação da cache de rotas de forma eficiente para reduzir a sobrecarga de controlo. A desvantagem da DSR é que o mecanismo de manutenção da rota não repara localmente uma ligação descendente interrompida. O atraso de estabelecimento da ligação é superior ao dos protocolos orientados por tabelas. Embora o protocolo tenha um bom desempenho em ambientes estáticos e de baixa mobilidade, o desempenho degrada-se rapidamente com o aumento da mobilidade. Além disso, o mecanismo de encaminhamento na origem empregue no DSR implica uma sobrecarga de encaminhamento considerável. Esta sobrecarga de encaminhamento é diretamente proporcional ao comprimento do caminho.

# 4. SIMULAÇÃO

## *4.1 Simuladores de rede*

Um simulador de rede] é um programa de software que imita o funcionamento de uma rede de computadores. Nos simuladores, a rede de computadores é normalmente modelada com dispositivos, tráfego, etc., e o desempenho é analisado. E o desempenho é analisado. Normalmente, os utilizadores podem personalizar o simulador para satisfazer as suas necessidades específicas de análise. Os simuladores são normalmente fornecidos com suporte para os protocolos mais populares atualmente utilizados, como LAN sem fios, UDP e TCP.

### *4.1. INetworkSimulator - NS-2*

O Ns-2 é um simulador de eventos discretos direcionado para a investigação em redes. Oferece um suporte substancial para a simulação de protocolos TCP, de encaminhamento e multicast em redes com e sem fios. É composto por duas ferramentas de simulação. O simulador de rede (ns) contém todos os protocolos IP normalmente utilizados. O animador de rede (nam) é utilizado para visualizar as simulações. O Ns-2 simula completamente a rede em camadas, desde o canal físico de transmissão por rádio até às aplicações de alto nível. A versão 2 é a versão mais recente do ns (ns-2). O simulador foi originalmente desenvolvido pela Universidade da Califórnia em Berkeley e pelo projeto VINT. O simulador foi recentemente alargado para fornecer suporte de simulação para redes ad hoc pela Universidade Carnegie Mellon (CMU Monarch Project homepage, 1999). O simulador ns-2 tem várias características que o tornam adequado para as nossas simulações.

- Um ambiente de rede para redes ad-hoc,

- Módulos de canais sem fios (por exemplo, 802.11),

- Encaminhamento ao longo de vários caminhos,

- Anfitriões móveis para redes celulares sem fios.

O Ns-2 é um simulador orientado para objectos escrito em C++ e OTcl. O simulador suporta uma hierarquia de classes em C++ e uma hierarquia de classes semelhante no interpretador OTcl. Existe uma correspondência de um para um entre uma classe na hierarquia interpretada e uma na hierarquia de compilação. A razão para utilizar duas linguagens de programação diferentes é que o OTcl é adequado para os programas e configurações que exigem alterações frequentes e rápidas, enquanto o C++ é adequado para os programas que exigem elevada velocidade. O Ns-2 é altamente extensível. Não só suporta os protocolos IP mais utilizados, como também permite aos utilizadores alargar ou implementar os seus próprios protocolos. Também fornece funcionalidades de rastreio poderosas, que são muito importantes no nosso projeto, uma vez que é necessário registar várias formações para análise. O código-fonte completo do ns-2 pode ser descarregado e compilado para várias plataformas, como UNIX, Windows e Cygwin.

### *4.1.2OutrosSimuladores*

- GloMoSim

- Modelador OPNet

Depois de compararmos os três simuladores, decidimos escolher o NS-2 como simulador de rede para a nossa tese porque:-

- O Ns-2 é um software livre de código aberto. Pode ser facilmente descarregado e instalado.

- A linguagem de programação C++ é compatível.

### *4.3 Detalhes do NS-2*

### *4.3.1 O que é o NS-2?*

O NS é um simulador de rede baseado em eventos desenvolvido na UC Berkeley que simula uma variedade de redes IP. Implementa protocolos de rede como TCP e UPD, comportamento da fonte de tráfego como FTP, Telnet, Web, CBR e VBR, mecanismo de gestão de filas de encaminhamento como Drop Tail, RED e CBQ, algoritmos de encaminhamento como Dijkstra, entre outros. O NS também implementa multicasting e alguns dos protocolos da camada MAC para simulações de LAN. O projeto NS agora faz parte do projeto VINT, que desenvolve ferramentas para exibição de resultados de simulação, análise e conversores que convertem topologias de rede geradas por geradores conhecidos para formatos NS. Atualmente, o NS (versão 2 também popularmente chamada de NS-2) é escrito em C++.

### *4.3.2 Onde é que o NS-2 é utilizado?*

- Modelação ao nível dos pacotes Protocolos de rede

- Coleção deVários protocolos em vários níveis

- TCP (reno, tahoe, vegas, sack)

- MAC (802.11, 802.3, TDMA)

- Encaminhamento Ad-hoc (DSDV, DSR, AODV, TORA)

- Rede de sensores (difusão, gaf) Protocolos multicast, protocolos de satélite e muitos outros Apoia a investigação e o ensino de NT

- Conceção de protocolos, análise de tráfego, etc.

### 4.3.3 Plataforma suportada pelo NS-2

- A maioria dos sistemas UNIX e sistemas do tipo UNIX

- FreeBSD

- Linux

- Solaris

- Windows 98/2000/2003/XP

- Cygwin necessário

- Alguns funcionam, outros não

### 4.3.4 Componentes do NS-2

- NS-Simulador

- NAM - Animador de rede

- Demonstrador visual do resultado do SNS

- Pré-processamento

- TCL escrito à mão ou gerador de topologia

- Pós-análise

- Análise de traços utilizando Perl/TCL/AWK/MATLAB

### 4.3.4.1 TCL

A Tool Command Language (TCL) é uma linguagem de programação muito simples, licenciada como código aberto pela Sun Microsystems. Fornece características básicas de linguagem, tais como variáveis, procedimentos, controlo, etc. e funciona em qualquer sistema operativo moderno.

Tclisa é uma linguagem de comando baseada em strings. Tem apenas algumas construções fundamentais e relativamente pouca sintaxe, o que facilita a sua aprendizagem e implementação. A Tcl foi concebida para ser uma cola que permite integrar blocos de construção de software numa aplicação. A Tcl é interpretada quando a aplicação é executada. O interpretador facilita a construção e o aperfeiçoamento da aplicação de forma interactiva. O Tcl é um pacote de software que fornece uma interface de linha de comandos extensível e uma linguagem de script. O Tcl foi originalmente concebido para ser uma linguagem de linha de comandos. É fácil de construir rapidamente sem ter em conta uma conceção adequada.

### 4.3.4.2   TK

O Tool Kit (TK) é um conjunto de ferramentas de widgets multiplataforma de código aberto que é uma biblioteca de elementos básicos para a construção de uma interface gráfica do utilizador (GUI). O TK fornece os seguintes widgets

- Texto

- Botão

- Tela

- Botão de verificação

- Entrada

- Botão de rádio

- Menu de opções TK

- Janela envidraçada

- Barra de deslocamento

- Menu

- Botão Menu

- Mensagem

- Moldura

- Etiqueta

- Moldura de etiquetas

- Caixa de listagem

- Caixa giratória

### 4.3.4.3 OTCL

Extensão orientada a objetos da TCL (OTCL) criada por David Wetherall. É utilizada no simulador de rede (NS-2) e corre normalmente em ambiente UNIX. A palavra-chave Class é usada para representar a classe e o método da classe é declarado usando "instproc" a variável self é um ponteiro para a classe em que é usada e é equivalente a este ponteiro de C++/java. Aqui a palavra-chave instproc é usada para herdar a propriedade de uma classe para outra. Isso nos ajuda a reutilizar o C++/java. Por exemplo, a classe Kid -instproc Mom aqui a classe Kid é herdada da Mom. Para criar uma instância de uma classe Garoto em OTCL como definir New_instance [new Kid].

### 4.3.4.4 NAM

O NAM é uma ferramenta de animação para visualização de traços de simulação de rede e dados de traços de pacotes do mundo real. A teoria do projeto por trás do NAM foi criar um animador capaz de ler grandes quantidades de dados de animação e ser extensível o suficiente para que pudesse ser usado em diferentes situações de visualização de rede. Sob essa restrição, o NAM foi projetado para ler comandos simples de eventos de animação de um grande arquivo de rastreamento. Para lidar com uma grande quantidade de dados, uma quantidade mínima de informações é mantida na memória. Os comandos de eventos são guardados num ficheiro e relidos a partir desse ficheiro sempre que necessário.

Qualquer aplicação em NS pode gerar um ficheiro de rastreio NAM. Quando um arquivo de rastreamento do NAM é preenchido, ele está pronto para ser animado pelo NAM. Após a inicialização, o NAM lê o arquivo de rastreamento, cria a topologia, abre uma janela para fazer o layout, se necessário, e faz uma pausa no tempo zero. Através da sua interface de utilizador, permite controlar muitos aspectos da animação.

A funcionalidade é apresentada na figura 11:

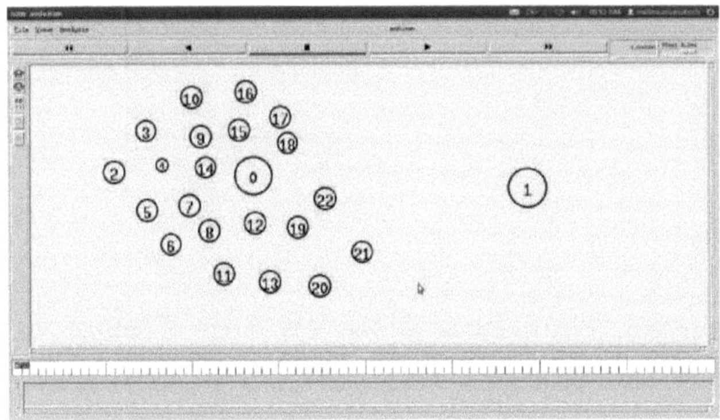

**Figura 11 :** Janela da consola do Network Animator que apresenta a funcionalidade

### *4.4 Gráfico de rastreio*

O Trace graph é um analisador gratuito de ficheiros de traços de rede desenvolvido para o processamento de traços do simulador de rede ns-2. O Trace graph pode suportar qualquer formato de traço se for convertido para o seu próprio formato ou para o formato de traço ns-2. O Trace graph funciona em sistemas Windows, Linux, UNIX e MAC OS. O conversor de traços processa os traços mais de 80 vezes mais rápido e está disponível para compra.

Formatos de ficheiro de rastreio ns-2 suportados:

- com fio
- satélite
- sem fios (antigo e novo traço)
- novo traço
- Com fios - sem fios.

Algumas das características do programa (versão 2.05):

- 238 Gráficos 2D
- 12 gráficos 3D
- atrasos, jitter, tempos de processamento, tempos de ida e volta, gráficos e estatísticas de débito
- gráficos e estatísticas de toda a rede, ligações e nós
- todos os resultados podem ser guardados em ficheiros de texto, os gráficos também

podem ser guardados comojpeg e tiff

- Informação sobre os eixos x,y,z: mínimo, média, máximo, desvio padrão, mediana

- qualquer gráfico guardado num ficheiro de texto com 2 ou 3 colunas pode ser representado

- Processamento de ficheiros de script para fazer a análise automaticamente.

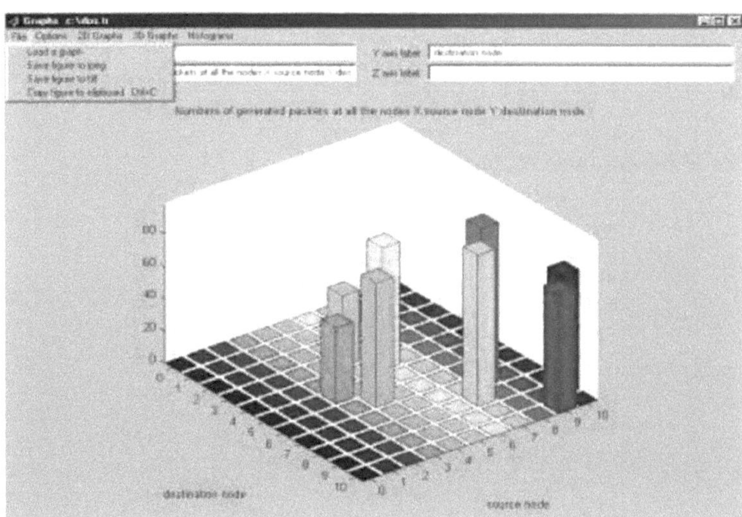

**Figura 12** : Janela da consola do analisador gráfico de traços para o ficheiro de traços

### *4.4.1 Instalação*

### *4.4.1.1 Instruções de instalação no Linux:*

1) Descarregar o tracegraph e o mglinstaller a partir da página web

Verificar a página de transferência do gráfico Trace: http://www.tracegraph.com/download.html

Escolha a versão Linux e descarregue o mglinstaller.

2) tar -xvzftracegraph202.linux.tar.gz

3) gunzip mglinstaller.gz

4) Tem de descomprimir o ficheiro "mglinstaller.gz" e, depois de o fazer, obterá o ficheiro "mglinstaller".

Agora, não há necessidade de usar chmod para alterar os direitos e correr ./mglinstaller.(ou) Basta fazer "sh mglinstaller" e o script fará o resto por si.

5)definir a variável de caminho do ambiente...

setenv LD_LIBRARY_PATH /home/nmahali/trace/tracegraph202/bin/glnx86/

Para verificar se a variável está corretamente definida, basta digitar $LD_LIBRARY_PATH Arquitetura

da definição da variável path:: se for uma nova variável, então setenv path se já existir, então setenv {$}

### *4.4.1.2 Instruções de instalação no Windows:*

1) Descarregue o tracegraph e o mglinstaller a partir da página, certifique-se de que é a versão para Windows http://www.tracegraph.com/download.html

2) descompactar o tracegraph202.zip para, digamos, D:\

3) executar o mglinstaller.exe, quando este pedir o nome do diretório, introduzir D:\tracegraph202

4) adicione D:\tracegraph202\bin\win32 ao PATH do seu ambiente

5) como adicionar ao ambiente PATH??

clique com o botão direito do rato em O meu computador e seleccione propriedades

Nas propriedades, seleccione o separador Avançadas

Selecionar variáveis de caminho de ambiente

Seleccione PATH e adicione o seu caminho

É isso, o tracegraph está pronto! !

Este é o procedimento que foi seguido para instalar o tracegraph no Windows e no Linux (se não tiver o matlab instalado na sua máquina).

Descarregue o Trace graph e o Trace converter.

### 4.4.2 Tracegraph em Linux:

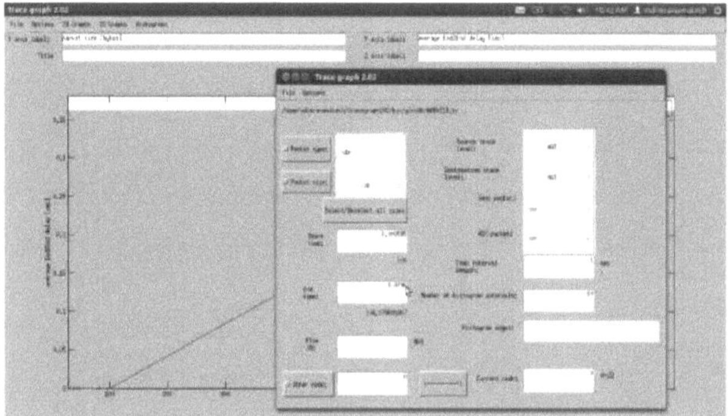

**Figura 13** : Janela da consola do Tracegraph com a representação gráfica

### 4.5 Métricas de desempenho

No simulador NS2, estão presentes vários parâmetros para o ambiente MANET, a fim de estudar o desempenho global da rede. Estes parâmetros são conhecidos como métricas de desempenho.

Os protocolos específicos da rede e da camada de transporte exigem um conjunto próprio de métricas de desempenho para avaliar a eficiência da rede. Por exemplo, com a introdução de uma variedade de parâmetros de rede, o atraso extremo-a-extremo e o débito médio são substancialmente afectados pelo algoritmo de encaminhamento; por conseguinte, esses parâmetros desempenham um papel importante na seleção de um protocolo de encaminhamento eficiente em qualquer rede de comunicações:

### 4.5.1 Rendimento

A taxa média a que o pacote de dados é entregue com sucesso de um nó para outro numa rede de comunicações é conhecida como débito. O débito é normalmente medido em bits por segundo (bits/sec). Uma taxa de transferência com um valor mais elevado é mais frequentemente uma escolha absoluta em todas as redes.

### 4.5.2 Atraso médio de ponta a ponta

O atraso extremo-a-extremo inclui todos os atrasos possíveis na rede causados pela latência da descoberta da rota, retransmissão pelos nós intermédios, atraso de processamento, atraso de enfileiramento e atraso de propagação. Para calcular a média do atraso extremo-a-extremo, adicionamos todos os atrasos de cada entrega bem sucedida de pacotes de dados e dividimos essa soma pelo número de pacotes de dados recebidos com êxito. Esta métrica é importante em aplicações sensíveis ao atraso, como a transmissão de vídeo e voz.

### 4.5.3 Atraso de ponta a ponta

O atraso extremo-a-extremo é o tempo necessário para percorrer o caminho entre o nó de origem e o nó de destino numa rede. O atraso extremo-a-extremo é medido em segundos. O atraso avalia a capacidade dos protocolos de encaminhamento em termos de eficiência de utilização dos recursos da rede.

### 4.5.4 Rácio de entrega de pacotes

A taxa de entrega de pacotes é definida como a fração de todos os pacotes de dados recebidos nos destinos em relação ao número de pacotes de dados enviados pelas fontes. Trata-se de uma métrica importante nas redes. Se a aplicação utilizar o TCP como protocolo da camada 2, uma perda elevada de pacotes nos nós intermédios resultará em retransmissões por parte das fontes, o que provocará o congestionamento da rede.

# 5. ESTUDO DE CASO: RESULTADOS E DISCUSSÃO

No Capítulo 4, foram apresentados os aspectos relacionados com a tarefa de modelação de MANET e as métricas quantitativas. Este capítulo (Capítulo 5) apresenta um estudo de caso através de resultados experimentais para dois cenários diferentes dos protocolos de rede ad hoc AODV e DSDV num ambiente MANET.

## 5.1 Cenário 1: AODV

Neste cenário, são considerados alguns parâmetros com um valor específico. Estes são os indicados na tabela 2

| Parâmetro de simulação | |
|---|---|
| Protocolo de encaminhamento | AODV |
| Número de nós | 22 |
| Tempo de simulação | 5,52 segundos |
| Tempo de pausa | 5ms |
| Tamanho do ambiente | 1800 x 840 |
| Dimensão do tráfego | CBR (taxa de bits constante) |
| Tamanho do pacote | 512 bytes |
| Taxa de pacotes | 5 pacotes/sec |
| Simulador | NS2.31 |
| Modelo de mobilidade | Terra de dois raios |
| Tipo de antena | Antena omnidirecional |

**Tabela 2** Parâmetro de simulação para AODV

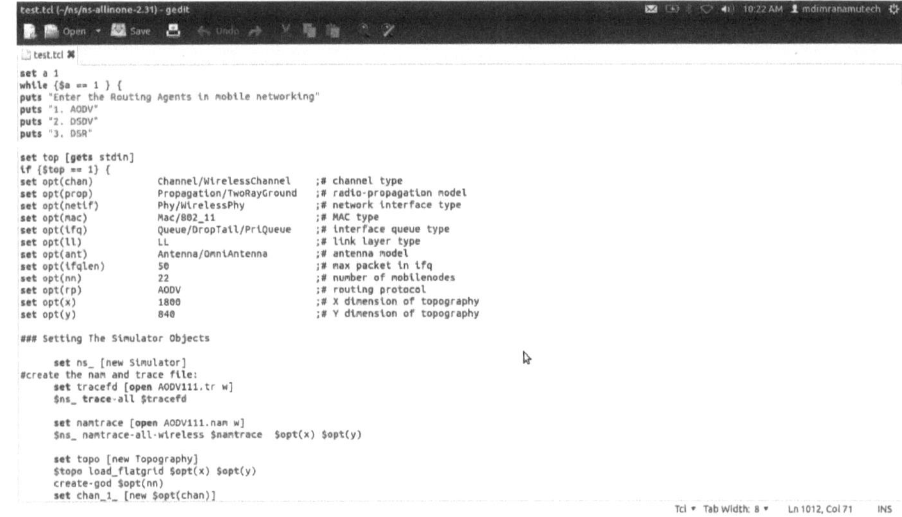

**Figura 14:** Janela de consola do guião TCL do AODV

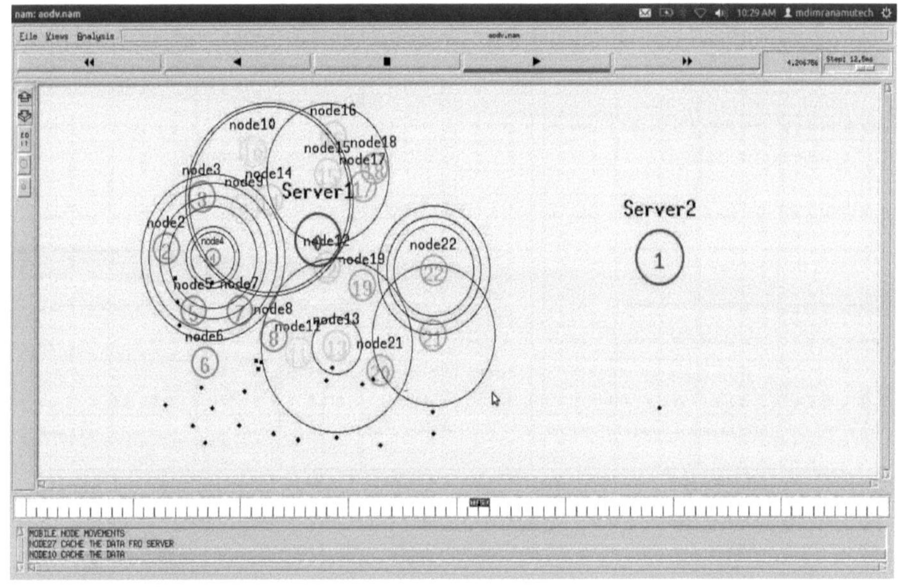

**Figura 15 :** Janela AODV Nam

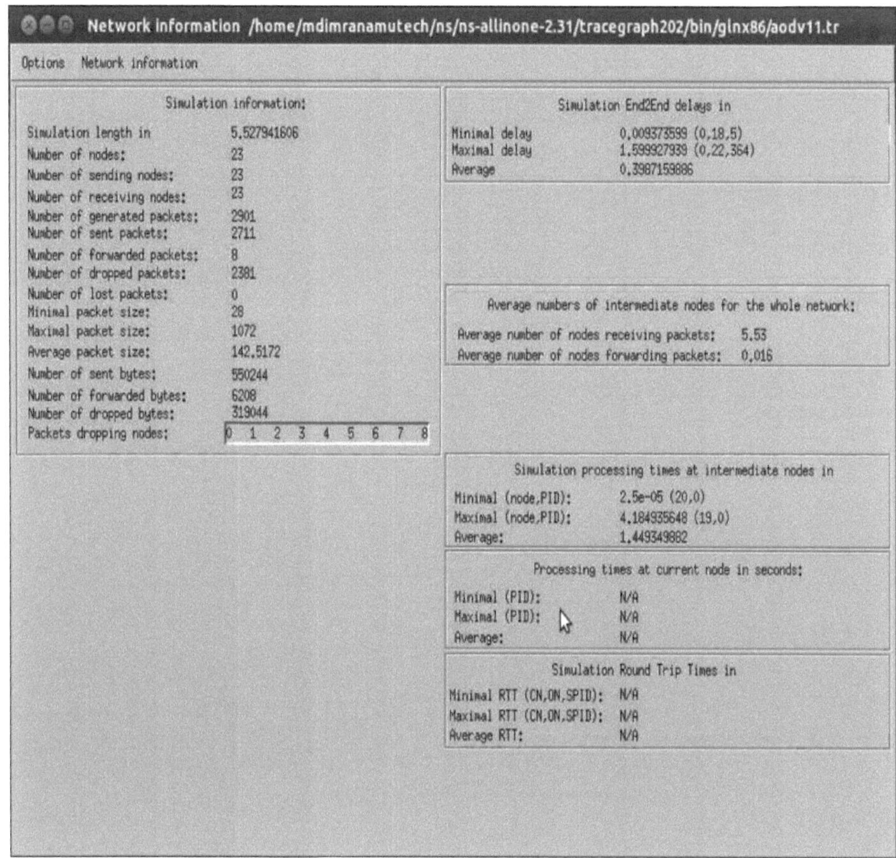

**Figura 16** : Janela da consola do Tracegraph que apresenta as informações da simulação AODV

## 5.2 Cenário 2: DSDV

Neste cenário, são considerados alguns parâmetros com um valor específico. Estes são os indicados no quadro 3

| Parâmetro de simulação | |
|---|---|
| Protocolo de encaminhamento | DSDV |
| Número de nós | 22 |
| Tempo de simulação | 5,52 segundos |

| | |
|---|---|
| Tempo de pausa | 5ms |
| Tamanho do ambiente | 1800 X 840 |
| Dimensão do tráfego | CBR (taxa de bits constante) |
| Tamanho do pacote | 512 bytes |
| Taxa de pacotes | 5 pacotes/sec |
| Simulador | NS 2.31 |
| Modelo de mobilidade | Terra de dois raios |
| Tipo de antena | Antena omnidirecional |

**Tabela 3** Parâmetro de simulação para DSDV

```tcl
# Define options
set opt(chan)           Channel/WirelessChannel    ;# channel type
set opt(prop)           Propagation/TwoRayGround    ;# radio-propagation model
set opt(netif)          Phy/WirelessPhy            ;# network interface type
set opt(mac)            Mac/802_11                 ;# MAC type
set opt(ifq)            Queue/DropTail/PriQueue    ;# interface queue type
set opt(ll)             LL                         ;# link layer type
set opt(ant)            Antenna/OmniAntenna        ;# antenna model
set opt(ifqlen)         50                         ;# max packet in ifq
set opt(nn)             22                         ;# number of mobilenodes
set opt(rp)             DSDV                       ;# routing protocol
set opt(x)              1800                       ;# X dimension of topography
set opt(y)              840                        ;# Y dimension of topography


### Setting The Simulator Objects

    set ns_ [new Simulator]
#create the nam and trace file:
    set tracefd [open DSDV111.tr w]
    $ns_ trace-all $tracefd

    set namtrace [open DSDV111.nam w]
    $ns_ namtrace-all-wireless $namtrace  $opt(x) $opt(y)

    set topo [new Topography]
    $topo load_flatgrid $opt(x) $opt(y)
    create-god $opt(nn)
    set chan_1_ [new $opt(chan)]

#### Setting The Distance Variables


    # For model 'TwoRayGround'
    set dist(5m)  7.69113e-06
    set dist(9m)  2.37381e-06
    set dist(10m) 1.92278e-06
```



**Figura 17 :** Janela de consola do scriptDSDV TCL

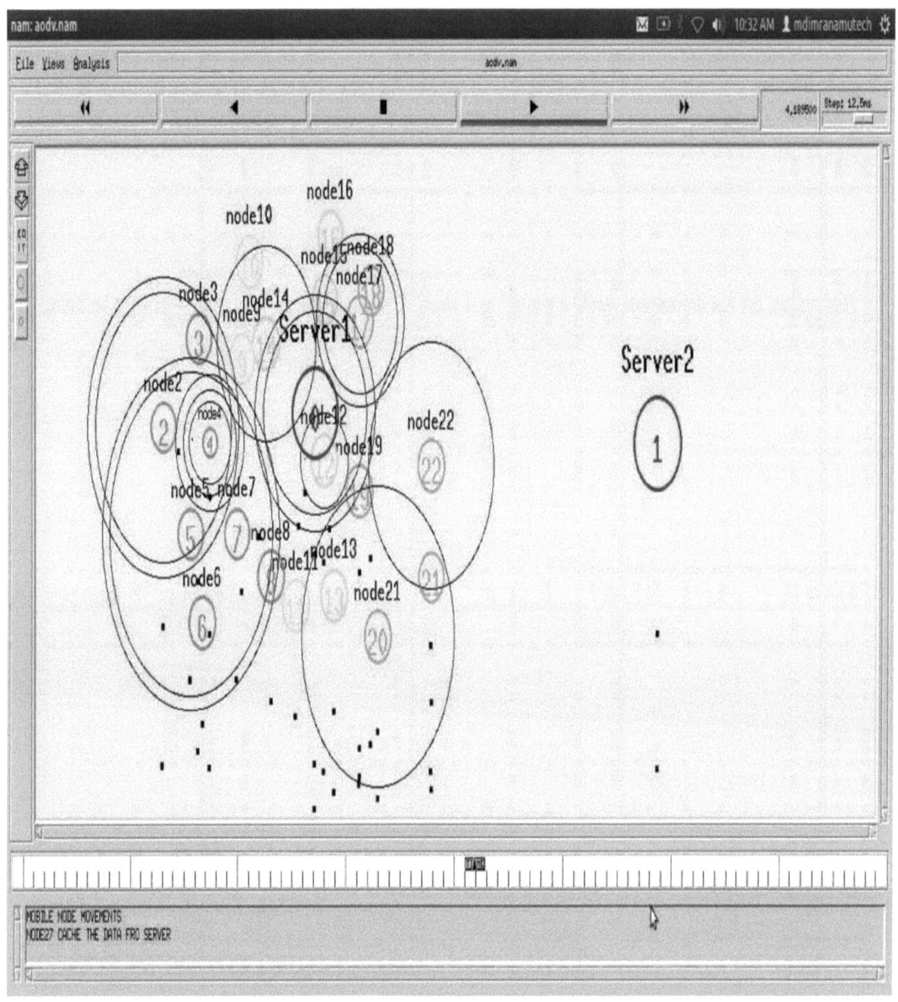


**Figura 18 :** Janela de consola DSDV Nam

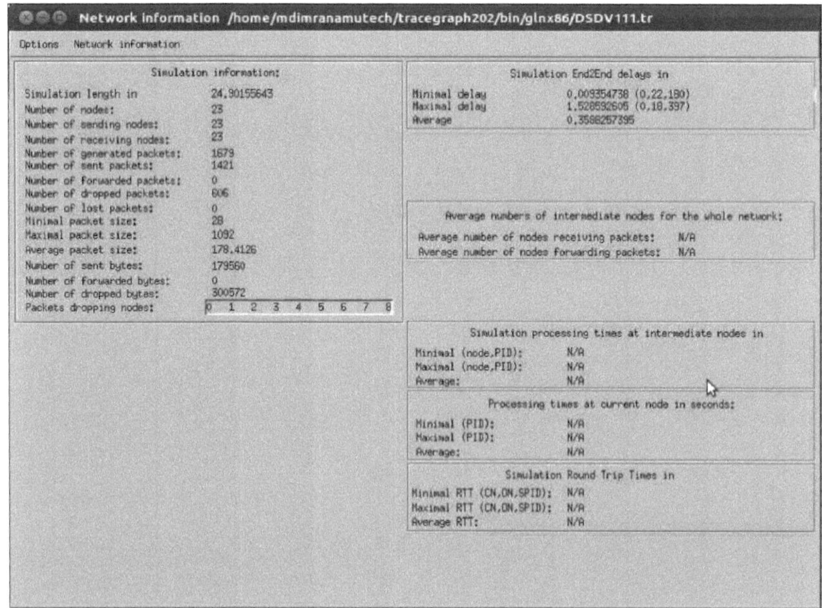


**Figura 19 :** Janela da consola que apresenta as informações da simulação DSDV

## 5.3 Resultados e discussão

Avaliamos o desempenho do AODV e do DSDV em ambiente MANET com a ajuda de parâmetros de desempenho como o débito médio, o rácio de entrega de pacotes e o atraso médio de fim a fim:

### 5.3.1 Rendimento

Throughput é o número de pacotes que passam pelo canal numa determinada unidade de tempo. Esta métrica de desempenho mostra o número total de pacotes que foram entregues com sucesso do nó de origem ao nó de destino e pode ser melhorada com o aumento da densidade dos nós.

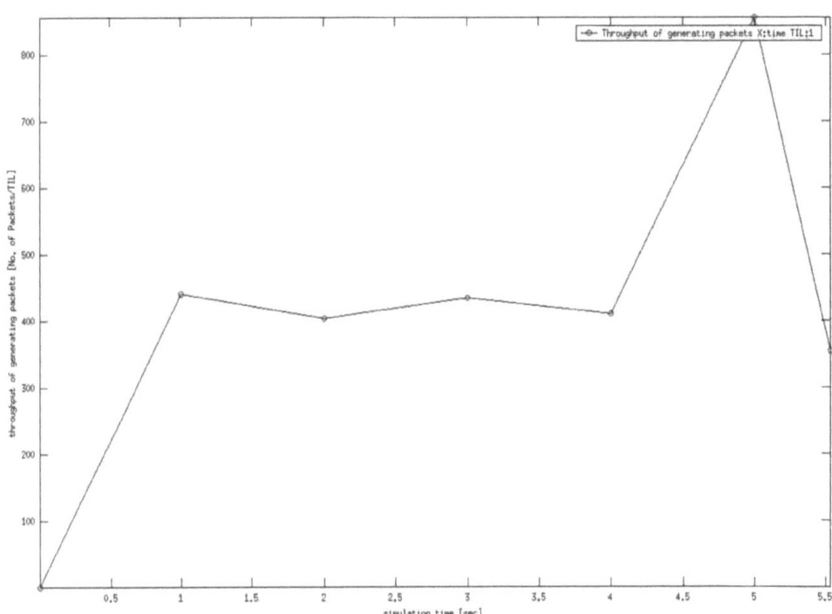

**Figura 20 :** Taxa de transferência de transmissão do AODV

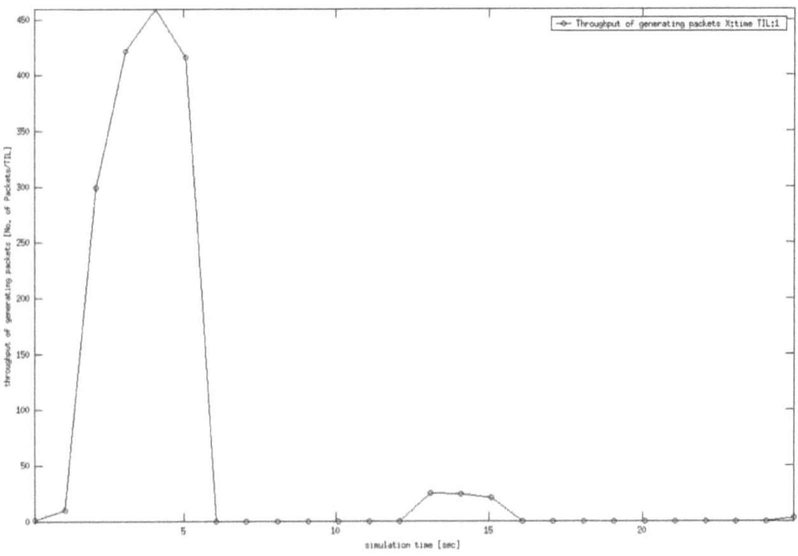

**Figura 21:** Taxa de transferência de transmissão doDSDV

As figuras 19 e 20 mostram a taxa de transferência de transmissão do AODV e do DSDV, respetivamente, para tempos de simulação variáveis. Observa-se que a taxa de transferência de envio é máxima no intervalo de tempo de 0 a 5 para ambos os protocolos de encaminhamento. No resto do tempo, a taxa de transmissão é quase constante. Aqui, observa-se que o desempenho do AODV é melhor do que o do DSDV em termos de taxa de transferência.

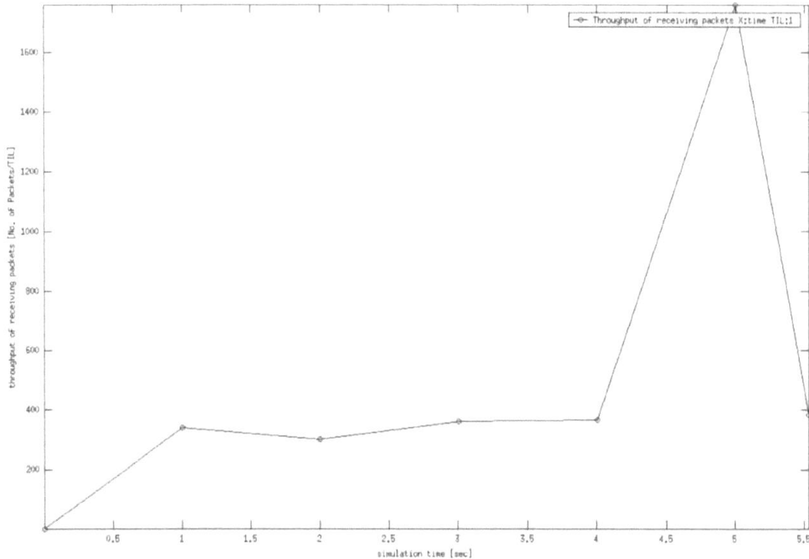

**Figura 22 :** Taxa de transferência de receção do AODV

As figuras 21 e 22 mostram a taxa de transferência de receção do AODV e do DSDV para tempos de simulação variáveis. Observa-se que o débito de receção é máximo no intervalo de tempo 4 a 5 para ambos os protocolos. Observa-se que o débito de receção do AODV também é melhor do que o do DSDV, pelo que o AODV apresenta um melhor desempenho e a taxa de desempenho aumenta sequencialmente.

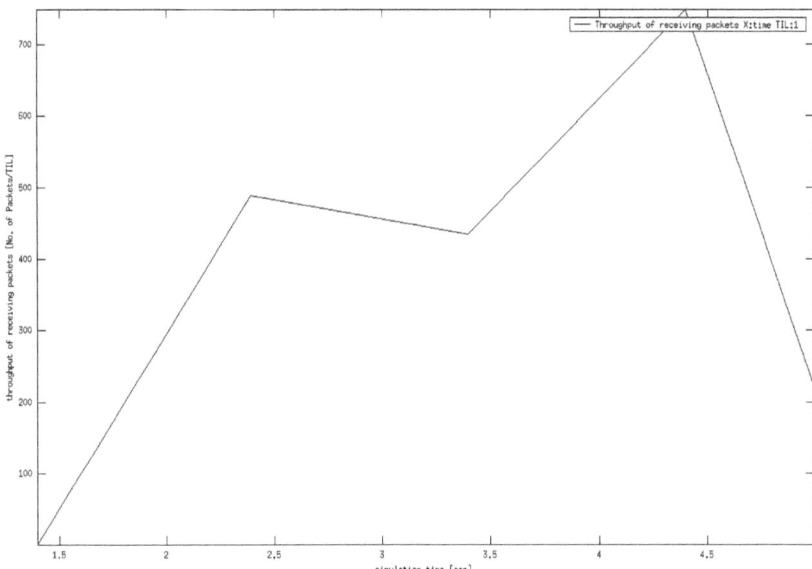


**Figura 23** : Taxa de transferência de receção doDSDV

### *5.3.2 Atraso médio de extremo a extremo*

Um pacote específico está a ser transmitido do nó de origem para o nó de destino e calcula a diferença entre os tempos de envio e de receção. Os atrasos devidos à descoberta de rotas, ao enfileiramento, à propagação e ao tempo de transferência são incluídos na métrica de atraso.

As figuras 23 e 24 mostram a distribuição cumulativa do atraso extremo-a-extremo do AODV e do DSDV. A distribuição de frequência é máxima para o intervalo de tempo 1 - 2 para ambos os protocolos, mas até ao último diminui para o mínimo à medida que o tempo de atraso de extremo a extremo aumenta. Com o aumento do tempo de atraso, o atraso acumulado aumenta invariavelmente até 1,5 segundos e depois torna-se constante.

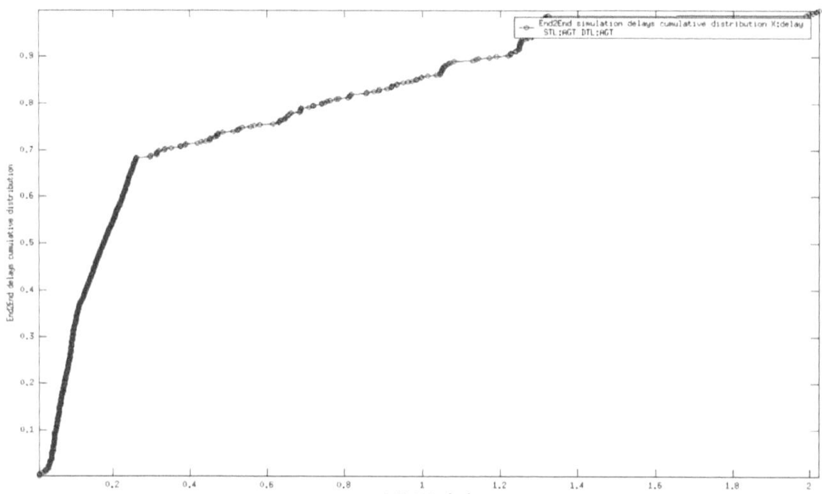


**Figura 24 :** Distribuição cumulativa do atraso da simulação End2End para o AODV

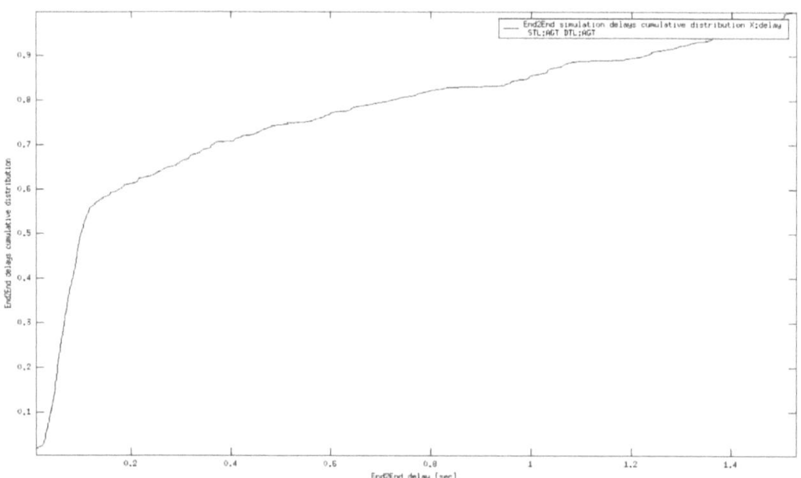


**Figura 25:** Distribuição cumulativa do atraso na simulação End2End para DSDV

# 6.  Conclusões e trabalhos futuros

O encaminhamento é uma questão importante nas redes móveis ad hoc. Os objectivos enumerados no enunciado do problema foram devidamente realizados. Na dissertação, centrámo-nos no desempenho de diferentes protocolos de encaminhamento de redes ad hoc móveis com base em parâmetros como a taxa de transferência média, a taxa de transferência de transmissão e receção e a distribuição cumulativa do atraso médio de extremo a extremo em ambiente MANET.

Esperamos sinceramente que o nosso trabalho contribua para a realização de novas investigações na área do encaminhamento.

A nossa análise dos resultados leva-nos a concluir que:

> O número de pacotes enviados ou o débito de transmissão aumentam primeiro e depois diminuem com o aumento do tempo de simulação devido à densidade dos nós, ao menor tráfego e ao canal livre para ambos os protocolos. Neste caso, o desempenho do AODV é melhor do que o do DSDV em termos de débito de envio.

> Do mesmo modo, com o aumento do tempo de simulação, o número de pacotes recebidos vai diminuindo. A taxa de receção é máxima para o protocolo DSDV porque este mantém uma tabela periódica que transmite continuamente a tabela de encaminhamento aos seus vizinhos para atualização. Para o mesmo intervalo de tempo, o AODV diminui devido à ausência de rotas activas.

> O atraso é elevado inicialmente no AODV, mas após algum tempo é muito baixo. Mas no caso doDSDV , é muito baixo no início e aumenta gradualmente, especialmente para os pacotes.

> Com o aumento do tempo de atraso, o atraso acumulado aumenta e, após algum tempo, mantém-se constante. É interessante notar que o atraso médio no AODV diminui à medida que a mobilidade aumenta.

Assim, podemos concluir que o AODV indica a sua maior eficiência e desempenho em condições de mobilidade elevada do que o DSDV. Os resultados da simulação mostram o desempenho de ambos os protocolos no que respeita ao atraso médio de extremo a extremo e à taxa de transferência. Por fim, conclui-se que o desempenho do AODV é melhor do que o do protocolo de encaminhamento DSDV para aplicações em tempo real.

**TRABALHO FUTURO**

No trabalho apresentado, o nosso principal objetivo é simular e avaliar o protocolo de encaminhamento da rede MANET. Seria interessante observar e analisar o comportamento da MANET num banco de ensaio real. Além disso, podemos também investigar o comportamento de outros protocolos proactivos, reactivos e híbridos como OSLR, TORA, ZRP e FSR.

## Resumo

Neste livro, vimos como instalar e configurar o Network Simulator NS 2.35. Implementámos o script TCL para a configuração experimental e testámos os vários cenários do protocolo de encaminhamento da MANET. O estudo de caso geral do protocolo de comunicação foi considerado mais do que satisfatório. Propomos que o AODV tenha um desempenho muito melhor em todos os aspectos do que o DSDV na comunicação, que é testado em relação a vários parâmetros de rede para avaliação do desempenho. No futuro, podemos implementar o estudo de caso baseado na comparação de protocolos de encaminhamento híbridos, como o ZRP, o TORA, o OSLR e o FSR, num banco de ensaio real.

# 7. Referências


[1] H. Yang, H. Luo, F. Ye, S. Lu, e L. Zhang, "Security in mobile ad hoc networks: challenges and solutions," *Wirel. Commun. IEEE,* vol. 11, no. February, pp. 38-47, 2004.

[2] K. Salah, P. Calyam e M. I. Buhari, "Assessing readiness of IP networks to support desktop videoconferencing using OPNET ARTICLE IN PRESS", *J. Netw. Comput. Appl.*

[3] D. L. Tennenhouse, J. M. Smith, W. D. Sincoskie, D. J. Wetherall e G. J. Minden, "A survey of active network research", *IEEE Commun. Mag.*, vol. 35, no. 1, pp. 80-86, 1997.

[4] S. R. Das, R. Castaneda e J. Yan, "Simulation-based performance evaluation of protocolos de encaminhamento para redes móveis ad hoc", *Mob. Networks Appl.*, vol. 5, no. 3, pp. 179-189, 2000.

[5] A. Nasipuri, R. Castaneda, e S. R. Das, "Performance ofMultipath Routing for On-Demand Protocols in Mobile Ad Hoc Networks," *Mob. Networks Appl.*, vol. 6, no. 4, pp. 339-349, 2001.

[6] A. Patnaik, K. Rana, R. S. Rao, N. Singh, e U. S. Pandey, "An Efficient Route Repairing Technique ofAodv Protocol in Manet," Springer International Publishing, 2014,pp. 113-121.

[7] E. M. Royer e Chai-Keong Toh, "A review of current routing protocols for ad hoc redes móveis sem fios", *IEEE Pers. Commun.*, vol. 6, no. 2, pp. 46-55, abril de 1999.

[8] R. Arora e F. Rizvi, "A Behavioral Comparison ofLAR with AODV And DSR Routing Protocols," *Int. J. Innov. Res. Comput. Commun. Eng. (An ISO Certif. Organ.*, vol. 3297, no. 1, 2007.

[9] F. Cadger, K. Curran, J. Santos e S. Moffett, "A Survey of Geographical Routing in Wireless Ad-Hoc Networks", *IEEE Commun. Surv. Tutorials*, vol. 15, no. 2, pp. 621653, 2013.

[10] C. E. Perkins, E. M. Royer, S. R. Das, e M. K. Marina, "Performance comparison of two on-demand routing protocols for ad hoc networks," *IEEE Pers. Commun.*, vol. 8, no. 1, pp. 16-28, 2001.

[11] K. Ruoshan, "The simulation for network mobility based on NS2," in *Proceedings - International Conference on Computer Science and Software Engineering, CSSE 2008,*

2008, vol. 4, pp. 1070-1074.

Printed by Books on Demand GmbH, Norderstedt / Germany